www.ingramcontent.com/pod-product-compliance
Lightning Source LLC
Chambersburg PA
CBHW070606220526
45467CB00003B/1330
9781717954824